Collège d'Aviculture de France

Cours complet
par correspondance

Quatorzième Leçon

Collège d'Aviculture de France

Cours complet

par correspondance

Quatorzième leçon

Quatorzième Leçon

Emploi de la lumière artificielle
pour l'augmentation de la ponte d'hiver et annuelle, sa répercussion sur la conduite générale d'une ferme de pondeuses

HISTORIQUE

UN historique rapide de lumière artificielle pour l'augmentation de la ponte nous montre qu'il ne s'agit pas d'une idée hasardeuse mais d'une méthode longuement et patiemment étudiée. On peut s'étonner qu'elle ne fasse que pénétrer chez nous : c'est que nous autres Français avons eu longtemps le tort de vivre dans un isolement intellectuel avicole à peu près complet, que nous n'avons pas suffisamment étudié ce qui se faisait chez les autres. Aussi les manuels d'aviculture composés par les anciens maîtres, si désuets et si retardataires aujourd'hui, n'en faisaient pas mention. On peut dire sans crainte d'erreur que presque tous n'en parlent pas encore. De plus aucune étude complète de la question n'a, avant ce travail, vu le jour.

La découverte de l'influence de l'Eclairage artificiel sur les pondeuses est due au Dr. Waldorf dont nous avons parlé plusieurs fois au cours de cet ouvrage : ce physicien étudiait cette méthode dès 1899 ! Il faisait ses expériences chez un de ses voisins, M. Patrick Kinney, 56 York Street à Buffalo (N. Y.), utilisant des lampes de 100 bougies. Dès 1892, la Buffalo Natural Gas Co lui montait des installations pour l'éclairage et le chauffage de ses poulaillers. Le premier article du Dr. Waldorf sur ce sujet parut en en 1899 dans le Clyde Times. Un de ses premiers élèves, W. H. Reynolds publia une relation de la question en Avril 1911 dans Reliable Poultry Journal : M. Reynolds employait des lampes de 40 watt avec un très grand succès. A la suite de ses propres expériences, le Dr Waldorf étudia et résolut la possibilité d'éliminer pour l'incubation les œufs porteurs de germes de faible vitalité. M. et Mme George R. Schoup, aviculteurs spécialistes à Western Washington Experiment Station, Payallup, furent peut-être ceux qui, de 1912 à 1917, firent le plus en Amérique pour mettre au point et propager la pratique de la lumière artificielle. Les relations de ces expériences furent d'ailleurs accueillies avec des lazzi et des sourires sceptiques ; mais bientôt la curiosité et l'intérêt se mirent de la partie, si bien qu'aujourd'hui on ne conçoit plus en Amérique de poulailler de ponte sans éclairage artificiel.

Depuis les expériences du Dr. Waldorf, le monde américain et spécialement les professeurs des stations

d'expérimentation ont étudié le problème sur toutes ses
faces. Plusieurs formes d'éclairage ont vu le jour dont
nous rendrons compte au cours de cette leçon afin de
dégager des applications pratiques.

Toutes les méthodes employées ont prouvé à des degrés différents mais absolument marqués que l'emploi de
la lumière artificielle donne : plus d'exercice, plus d'aliments consommés, plus d'eau ingurgitée, et avec ces
conséquences logiques : meilleure santé, constitution plus
vigoureuse, et une production d'oeufs infiniment
supérieure.

PRODUCTION D'ETE ET
PRODUCTION D'HIVER

En décembre, le soleil produit dans nos régions un
jour de neuf heures et une nuit de quinze heures. Or,
en hiver la production est généralement très basse alors
qu'elle est à son maximum lorsque l'allongement des jours
se fait sentir depuis longtemps. A la même époque le
fait contraire se fait sentir à nos antipodes en Australie
ou en Nouvelle Zélande, où notre été correspond à leur
hiver. Lorsque nos poules ne pondent guère, les leurs
sont en pleine production.

Réfléchissant sur ces choses, on a pensé que deux
causes peuvent les gouverner : l'effet qu'a la lumière sur
tous les êtres organisés et la faculté qu'a la volaille de
consommer plus de nourriture pendant les plus longs jours.
Après étude complète du sujet, on a rejeté la première
cause comme ayant un effet pratique non suffisamment
marqué et l'on s'est ingénié à donner aux volailles le
moyen d'absorber non seulement la quantité de nourriture
pour produire une forte ponte, mais encore de diminuer,

d'atténuer la grande dépression physique et la perte considérable de calories produites par les longues nuits d'hiver.

LES VOLAILLES PENDANT LA NUIT

Si nous examinons le jabot des volailles à minuit, nous le trouvons presque ou complètement vide. L'oiseau ne peut pas absorber suffisamment de nourriture le soir, avant la fin du jour pour avoir encore quelque chose à digérer aux heures les plus froides, au moment ou il fait appel à toutes ses calories pour maintenir sa chaleur. Or, la nourriture sert à trois choses : à constituer le corps et à remplacer les cellules usées, à maintenir la chaleur du corps, à produire des oeufs ou donner un travail.

Si l'on songe que, privée d'exercice, immobile, la poule ne reçoit pour maintenir sa chaleur que des calories provenant de sa digestion antérieure et très peu de ses réserves, que le matin elle est dans un état de dépression profonde qui réclame impérieusement de la nourriture, qu'il s'écoule seize heures entre son souper et son déjeuner (essayez de vous soumettre à ce régime et vous pourrez constater dans quel état il vous laissera) on comprend que le peu d'aliment qu'elle peut prendre pendant le jour si court de l'hiver soit bien juste suffisant pour maintenir le poids de la volaille dans ses normales fluctuations, pour assurer sa chaleur animale et qu'il en reste bien peu pour une production d'oeufs.

Or, un oeuf de novembre en vaut trois de mai et côute bien moins cher puisque en mai il peut être normalement produit en un jour ou un jour et demi tandis qu'un oeuf demande en novembre de deux à trois jours au moins pour se former. La saison d'hiver est donc l'ennemie de l'aviculture de rapport à cause du peu de durée de ses jours et de sa température, qui demande pour être combattue une absorbtion de nourriture, surtout en matières grasses et hydrocarbonées, plus grande qu'en été! Antagonisme de cause à effet que l'aviculture moderne a résolue à son avantage.

DIFFERENTS PROCEDES D'ECLAIRAGE ARTIFICIEL

Les procédés d'éclairage artificiel sont de trois sortes:

1· L'Eclairage du poulailler tôt le matin jusqu'au jour;

2· L'Eclairage du poulailler tôt le matin jusqu'au jour puis repris au crépuscule jusqu'à une heure plus ou moins avancée;

3· La distribution d'un repas avant le coucher de l'aviculteur ou pendant la nuit.

ECLAIRAGE DU MATIN

Ce que l'on a cherché dans ce mode d'éclairage ainsi que dans le suivant, c'est à allonger le jour. Le poulailler est alors éclairé depuis 3, 4, 5, 6 heures du matin. Les poules descendent des perches, prudemment les premiers jours, puis au bout de quelques temps, toutes ensemble, "comme la cataracte du Niagara". Elles se mettent à boire, puis à gratter dans la litière pour y trouver les grains d'avoine germée, de digestion très rapide et par conséquent très réparateurs, que l'aviculteur y a enfouis la veille au soir. Elles se réchauffent ainsi au lieu de se morfondre; immobiles, à attendre la longue apparition du jour morne et terne soit sur les perchoirs, soit dans les coins du poulailler ou les premières lueurs les ont invitées à se grouper.

Elles se mettent à boire puis à gratter dans la litière.

Lorsque le jour est suffisant l'aviculteur éteint les lampes.

On a pu donner ainsi une journée de consommation et de travail de 16 heures, qui laisse 10 heures de repos ce qui est le meilleur temps lorsque ce mode d'éclairage est employé.

ÉCLAIRAGE COMBINÉ DU MATIN ET DU SOIR

On a aussi, d'abord, essayé de donner plus de longueur de jour par une combinaison d'éclairage du matin et du soir, après avoir expérimenté l'éclairage unique du soir, du crépuscule jusqu'à une heure avancée.

Les volailles sont éclairées comme nous l'avons indiqué au paragraphe précédent, puis lorsque le jour est sur le point de baisser, on rallume les lampes et on tient les volailles occupées. Lorsque le moment est en arrivé, vers six heures généralement, on les éteint une à une ou bien on les met en veilleuse quelques minutes afin de permettre aux pondeuses de regagner leurs perchoirs. Cet éclairage n'a pas donné d'aussi bons résultats que l'éclairage du matin seulement, car il est assez difficile d'éviter que des volailles ne restent sur les perches lorsqu'elles sentent que le vrai jour est terminé. En outre, la besogne de l'aviculteur est trop compliquée, puis les poules peuvent prendre trop d'exercice.

ÉCLAIRAGE DU REPAS DU SOIR
OU DE NUIT

Dans les modes d'éclairage précédemment étudiés, un nombre de poules, parfois assez considérable restent sur les perchoirs au lieu de profiter de la lumière supplémentaire qui leur est donnée. Ainsi les bienfaits de cette lumière ne touchent qu'une partie du poulailler. De plus les volailles restées sur les perches se voient troublées à un moment qu'elles exploiteraient mieux à un repos complet qu'à un état immobile de veille.

On a donc cherché à donner aux volailles la possibilité de prendre rapidement, sans grande dépense de lumière, un repas supplémentaire donné de telle façon que toutes les poules y prennent part. On a alors expérimenté l'éclairage d'un repas du soir ou de la nuit. Cette méthode consiste en ceci :

Les volailles se lèvent le matin et se couchent le soir comme celles non soumises à la lumière artificielle. Mais le soir, vers huit heures et demie ou neuf heures pour la commodité de l'aviculteur, les lumières sont allumées les poules consomment alors un repas de grain, puis regagnent leurs perchoirs lorsque l'éclairage diminue progressivement suivant le procédé que nous vous avons indiqué.

LA LUMIÈRE ARTIFICIELLE
ACCROIT LA PRODUCTION D'HIVER

Ce que l'aviculteur doit rechercher, c'est non seulement d'accroître la production générale mais surtout celle des mois où les œufs font les plus hauts prix.

La production d'hiver peut-être accrue d'une façon surprenante. Les aviculteurs qui font un usage méthodique de la lumière artificielle sont unanimes à affirmer que c'est le procédé qui contribue le plus à accroître leurs bénéfices. "Nous produisons plus d'œufs dans ces trois mois d'hiver que dans trois autres mois consécutifs de l'année et ce au moment où les prix sont les plus forts". C'est M. Atkinson qui parle ainsi, et ce célèbre aviculteur, élève des Wyckoff, Padman, Thomson etc, obtient ces résultats avec des volailles de lignées perfectionnées.

La lumière cependant favorise la production des poulettes de lignées plus pauvres, ou n'ayant aucune sélection : elle doit donc être employée par tout le monde et ne reste pas l'apanage des possesseurs de volailles d'élite. Telles poulettes qui n'auraient fourni aucun bénéfice sans lumière en donnent de sérieux si on les conduit selon nos conseils.

La lumière artificielle donne également de bons résultats avec des poules de deux ans : elle permet de conserver un nombre de ces oiseaux beaucoup plus grand qu'on ne devait précédemment le faire, et si nos leçons antérieures ne font pas mention d'organisation différente selon que l'on emploie ou non la lumière artificielle, c'est uniquement parce que nous avons voulu donner une méthode complète pour les personnes qui, pour une raison ou pour une autre ne se servent pas de lumière artificielle ou qui ne s'en servent pas dans leur exploitation toute entière.

Voici un exemple frappant entre mille montrant quelle influence a l'emploi de la lumière artificielle. La lumière employée fut celle du matin.

Moyennes de production pour cent pondeuses

Mois	Sans lumière	Avec lumière	Différence
Novembre	22 o⎸o	60 o⎸o	37
Décembre	25	67	42
Janvier	35	73	38
Février	50	56	
Mars	65	67	
Avril	70	68	
Mai	72	70	

Nous remarquons qu'en été la production fut un peu moins forte sous la lumière artificielle, c'est un défaut de l'éclairage permanent soit du matin, soit du soir. Lorsqu'un repas du soir ou de nuit est seul éclairé, non seulement la production hivernale est plus forte que dans les deux autres modes d'éclairage, mais celle d'été reste plus forte que si le troupeau n'avait pas bénéficié des avantages donnés par cette nouvelle méthode, c'est-à-dire que s'il n'a pas été éclairé.

LA LUMIERE ARTIFICIELLE AUGMENTE LE NOMBRE D'ŒUFS PONDUS DANS L'ANNÉE

Ceci a été longtemps nié et l'est encore aujourd'hui par les personnes qui ne sont pas au courant des réels progrès accomplis dans cette branche de l'aviculture.

Voici à ce sujet le compte rendu d'une expérience du Professeur LUTHER BANTHA, Département of Poultry Husbandry, Agricultural Collège, Massachusetts, sur des poulettes n'ayant aucune sélection. La première colonne indique le nombre d'oeufs pondus par 660 pondeues sde 1' année sans lumière; la seconde indique le

nombre d'œufs pondus par 650 poulettes (10 de moins)
avec lumière du matin. La lumière fut commencée le 16
Novembre et continuée jusqu'au premier avril :

Octobre	1.022	1.004	Avril	9.151	8.169
Novembre	1.993	1.622	Mai	9.581	7.259
Décembre	2.308	7.376	Juin	7.470	6.802
Janvier	2.429	7.062	Juillet	5.742	6.747
Février	4.360	5.517	Août	4.161	4.820
Mars	7.504	8.298	Septembre	2.729	3.499

Totaux : 58450 sans lumière et 68275 avec lumière.

En étudiant ce tableau nous remarquons que la production a été plus faible en novembre avec lumière que
sans lumière : c'est que le procédé employé (lumière permanente) fait travailler énormément les oiseaux et que
ceux-ci sont un peu surpris par ce changement brusque,
d'autre part, ce travail, contrairement à la méthode d'é-
clairage du repas du soir ou de nuit demande une grande énergie et ne veut que des oiseaux pouvant y résister, c'est-à-dire parfaitement mûrs.

Nous remarquons aussi qu'en avril, mai et juin, (volailles non éclairées) la ponte a été un peu plus faible
dans le poulailler qui avait été soumis en hiver et jusqu'au premier avril à la lumière : c'est que l'arrêt brusque,
le changement de régime brutal a produit quelques mues
terminées le 11 juillet. Ces deux inconvénients n'existent
pas lorsque l'on éclaire seulement le soir. Et si dans le
cas qui nous occupe nous constatons une augmentation de
9 825 œufs (à un prix moyen de 75 centimes) cette augmentation aurait été bien plus considérable si un mode
meilleur d'éclairage avait été employé.

Nous insistons encore sur ce fait que si les animaux
soumis à la lumière artificielle étaient sélectionnés à l'a-
vance pour la ponte, les résultats auraient été encore
plus marqués.

Ainsi, les moyennes de ponte, qui dépassent maintenant couramment 200 œufs avec des sujets sélectionnés, sans lumière (notre propre production doit, avec telle lignée, environner les 240 œufs) sont facilement portées à deux cents œufs avec des sujets tout-à-fait moyens.

LA LUMIÈRE ARTIFICIELLE ACCROIT LES BÉNÉFICES

Une telle surproduction entraîne forcément un grand accroissement de bénéfices. Certes, il y a des dépenses supplémentaires : frais d'éclairage et frais supplémentaires de nourritures.

Les frais d'éclairage sont minimes : ils sont payés pour toute la saison par un œuf d'augmentation par sujet. Quant aux frais supplémentaires de nourriture ils sont également minimes en regard de la production : avec ou sans lumière la pondeuse ne demande que la même ration d'entretien, à peu de chose près. La ration de ponte seule est sensiblement augmentée. Or, si l'augmentation de la ration de ponte ne devait pas laisser un supplément considérable de profit, jamais l'aviculture ne serait productive. Pensons qu'en poids, l'œuf pondu a une valeur moyenne dix fois supérieure à la nourriture supplémentaire consommée pour le former.

LA LUMIÈRE ARTIFICIELLE AUGMENTE LE POIDS DE CHAQUE ŒUF

Le poids de chaque oeuf d'une volaille est, dans une année de ponte donnée, en rapport avec l'intensité de la ponte à chaque moment considéré. Plus la ponte est abondante et plus les oeufs sont gros et denses. Ceci est un fait qui a suggéré des recherches au sujet de la valeur des oeufs pour l'incubation lorsqu'ils sont produits sous l'influence de la lumière artificielle.

Or, les oeufs des jeunes poulettes sont généralement petits ils grossissent jusqu'en avril pour décroître de volume ensuite, suivant en cela l'intensité de la ponte. Des lignées que l'on s'attache à sélectionner en ce sens donnent de gros oeufs dès le début ; elles sont rares et cependant c'est de ces lignées que vous devez faire la base de votre élevage. Telles lignées nous donnent dès le début des oeufs de 55 à 60 gr. C'est un résultat très intéressant, satisfaisant et encore perfectible.

On peut augmenter la taille de ces oeufs - et de tous - par l'emploi de la lumière artificielle : la fréquence de la ponte étant augmentée, la taille des oeufs suit. Ainsi, moins d'oeufs vendus moins cher que le cours et plus grand profit pour l'aviculteur. Avec lumière, les premiers oeufs sont plus gros que sans lumière.

LA LUMIÈRE ET LES POULETTES NÉES TÔT EN SAISON

Si l'on soumet à la lumière artificielle les poulettes nées avant la saison ordinaire d'élevage, soit en janvier pour les races lourdes, en janvier-février pour les races demi-lourdes en février-mars pour les races légères, on constate que peu ou pas muent en automne, contrairement à ce qui se produit si les poulettes n'y sont pas soumises. Non seulement la lumière vient combattre cette mue intempestive qui privait d'oeufs de poulettes précoces au moment des hauts prix, mais encore elle achève de mûrir les oiseaux que la chaleur de l'été a pu faire pondre prématurément. La découverte de ce fait a eu en aviculture d'utilité des conséquences énormes Nous voyons d'abord que cette mue d'automne n'est pas un phénomène naturel, normal et inéluctable, mais qu'elle est sous la dépendance de l'alimentation et que plus les volailles sont robustes et moins elles ont de chances de muer.

La possibilité d'éviter la mue d'automne permet de mettre en incubation dès le début de l'année, et de continuer jusqu'en mars ou avril selon que l'on a des races de poids différent. Des Leghorns peuvent ainsi naître dès le premier février. Nous verrons qu'on peut les faire naître jusqu'au 15 Mai.

Il faut moins d'incubateurs, moins d'éleveuses, moins de reproducteurs et le travail d'élevage ne vient pas brusquement accaparer toute la main-d'œuvre disponible. On peut alors ne mettre en incubation que les meilleurs œufs des meilleurs reproducteurs puisque les incubateurs peuvent être de plus petite capacité, ou bien on peut avoir avec le même matériel un nombre de pondeuses beaucoup plus élevé. Enfin la ponte des sujets nés avant la saison normale vient au moment où celle des sujets âgés décroît et la production est mieux balancée, ce qui est très important pour les aviculteurs qui ont su donner une meilleure direction à leurs débouchés en vendant les œufs du jour par abonnement. Nous ajouterons encore ce grand avantage : les pondeuses sont en pleine production lorsque le prix des œufs augmente et elles ne cessent de pondre très abondamment tout l'hiver.

C'est ainsi qu'il vous faut procéder, c'est ainsi que font les aviculteurs américains, même ceux qui n'abandonnent pas l'exercice d'une profession différente tout en exploitant avec l'aide d'un aide une ferme de pondeuses qui parfois atteint 1.000 têtes.

LA LUMIÈRE ARTIFICIELLE
ET LES VOLAILLES RETARDATAIRES

La lumière artificielle employée avec modération aide considérablement la maturité des oiseaux de fin de saison, de mai par exemple pour les races légères. A dessein nous ne parlons pas de volailles de juin, sans valeur.

Lorsque les jours commencent à diminuer sensiblement c'est-à-dire vers le 15 août, il est bon de donner à ces volatiles un repas éclairé vers 9 ou 9 heures et demie du soir : le corps se forme plus vite, la ponte est plus précoce et à cinq mois ces volailles commencent leur ponte en même temps que celles qui sont nées un mois plus tôt. Tout ceci est une question d'alimentation. Il faut savoir donner dans ces six semaines de lumière ce que l'oiseau demande pour se former, ne pas négliger les aliments devant constituer le squelette, et si l'on agit avec soin, les résultats ne peuvent être qu'excellents.

LA LUMIÈRE ARTIFICIELLE
ET LES POUSSINS

Faire naître en janvier ou février pour la ponte, en septembre ou octobre pour l'exploitation du poulet de table est parfois sage et nécessaire. Mais les difficultés de l'élevage sont accrues par le peu de longueur des jours qui ne permet pas au poussin de prendre assez d'aliments pour croître harmonieusement, se défendre contre les maladies diverses qui peuvent l'assaillir et se protéger contre le froid qui accapare une bonne partie de sa chaleur animale. Ces causes d'insuccès n'existent plus maintenant. Rien ne vous empêche de donner aux poussins, à l'intérieur de leur salle d'élevage un repas

éclairé le matin et un autre le soir. Aucun préjudice ne
peut en résulter si vous n'exagérez pas le travail que
vous faites faire dans la litière à de jeunes animaux trop
faibles pour résister à une trop grande dépense d'énergie.

On a proclamé que la lumière artificielle était nuisible à des oiseaux non complètement formés ou faibles.
Nous nous demandons pourquoi. Les jeunes bébés ont
un repas de lait pendant la nuit : pourquoi les poussins
et les volailles débiles ne s'accomoderaient-elles pas de
ce système ? En vérité il serait contraire au bons sens
de forcer au travail des sujets trop jeunes ou trop faibles. L'éclairage permanent force au travail intensif,
sans travail il serait nuisible. Mais les repas éclairés ne
forcent au travail que si l'aviculteur le veut puisqu'ils
peuvent être donnés dans des augettes. Les auteurs qui
veulent que les êtres faibles et non arrivés à maturité
ne soient pas soumis à la lumière artificielle n'ont pas su
dégager les différences que les deux sortes d'éclairage
(éclairage permanent et éclairage de repas) ont sur la
volaille et nantis des prescriptions relatives à l'éclairage
permanent, ils les ont appliquées à tous les modes. C'est
une erreur certaine. L'exercice que les poussins et les
pondeuses faibles prennent à la lumière du jour est suffisant, point n'est besoin d'en donner en supplément et
compris ainsi les faibles ne feront que profiter de repas
supplémentaires qui les fortifieront, achèveront leur croissance et les aideront à combattre les maux qui pourraient
les assaillir.

Des poussins plus vigoureux, des pondeuses plus robustes et moins de sévérité dans leurs tris, voilà encore
des bienfaits de lumière artificielle.

LA LUMIÈRE ARTIFICIELLE, LA MUE

Nous avons vu que lorsque l'on emploie l'éclairage
permanent d'une partie de la journée (1° et 2° modes) il
faut avoir soin de ne pas y soumettre de jeunes poulettes
non mûres. Celles-ci doivent donc avoir terminé leur mue
de maturité. En effet, les deux premiers modes d'éclairage
permanent exigent de l'exercice forcé, et l'on sait que
l'un des bienfaits de l'exercice et non le moindre consiste dans le raffermissement des vieilles plumes entraînant
le recul du renouvellement du plumage si l'oiseau n'est
pas encore en mue, soit l'allongement de la période de
chute des plumes s'il est en mue. Dans les deux cas la
ponte est retardée et l'animal souffre dans son développement

D'autre part un exercice trop forcé peut provoquer
la mue, ce qui semble en contradiction avec ce que nous
venons de dire, mais qui ne l'est pas en réalité parce
qu'il ne s'applique pas à des volailles de même condition.
Une volaille fatiguée par un travail intensif arrête de
pondre, même sous la lumière artificielle. Continuant
d'absorber une quantité de nourriture plus grande que sa
ration d'entretien ; le supplément de nourriture fait pous-
ser de nouvelles plumes, donc provoque la mue. De ceci
il découle que s'il est dans la pratique de l'aviculteur
d'employer l'éclairage permanent, il ne doit le faire que
sur des sujets très mûrs et très vigoureux.

La mue secondaire, par opposition à la mue normale
qui a lieu à la fin de la période normale de production,
a lieu généralement au printemps, après le travail des 4
ou 5 premiers mois. Le tableau publié par le Professeur
Bantha nous montre que les volailles éclairées ont mué
en avril, mai, juin, Souvent cette mue se produit en février, mars et avril.

Cependant lorsque les plumes sont tombées la lumière

artificielle hâte la croissance des nouvelles en donnant à
leur possesseur une plus haute quantité d'aliment consommés.

Lorsque les poulettes sont en mue, que ce soit avec
ou sans lumière, il importe de tenir les coqs loin d'elles
afin que ceux-ci ne leur déchire le dos.

LA LUMIERE ARTIFICIELLE ET LA FIEVRE D'INCUBATION

La fièvre d'incubation, en dehors de la période et des
exigences normales, exigences que l'on peut modérer et
même supprimer, se manifeste surtout lorsque pour une
cause la production a une tendance à décroître. On peut
donc la provoquer par une diminution de la ration suffisante pour amener la cessation de la ponte mais pas
assez considérable pour entraîner la mue.

Aussi, l'emploi de la lumière artificielle, forçant à la
consommation diminue le nombre de volailles demandant
à couver et permet de découver plus vite celles qui en
ont le désir, d'où accroissement de bénéfices.

Comme pour la mue, la fièvre d'incubation est favo-
risée par la chaleur ; si les volailles sont soumises à l'é-
clairage permanent celui-ci cessant normalement vers le
premier avril ou un peu plus tard, ce changement de
régime joint à la chaleur saisonnière incite de nombreuses
volailles à muer et à couver. Si au contraire le régime
de lumière adopté est l'éclairage d'un repas du soir, on
peut ne pas abandonner ce repas, en le rapprochant in-
sensiblement de la période de jour normale : il arrive
que la lumière artificielle est supprimée, mais le repas
dure toujours ; le changement a été très lent et moins de
volailles en subissent les conséquences fâcheuses.

LA LUMIÈRE ARTIFICIELLE ET LA FIN
DE LA PREMIÈRE ANNÉE DE PONTE

Vous avez touché du doigt l'accroissement de production que l'on peut qualifier de formidable, provoqué par l'emploi de la lumière artificielle en première année de ponte. Vous avez remarqué dans le tableau du professeur Bantha l'accroissement relatif de ponte en juillet, août et septembre : il est dû à ce que la lumière a retardé la mue d'une façon considérable. A chaque

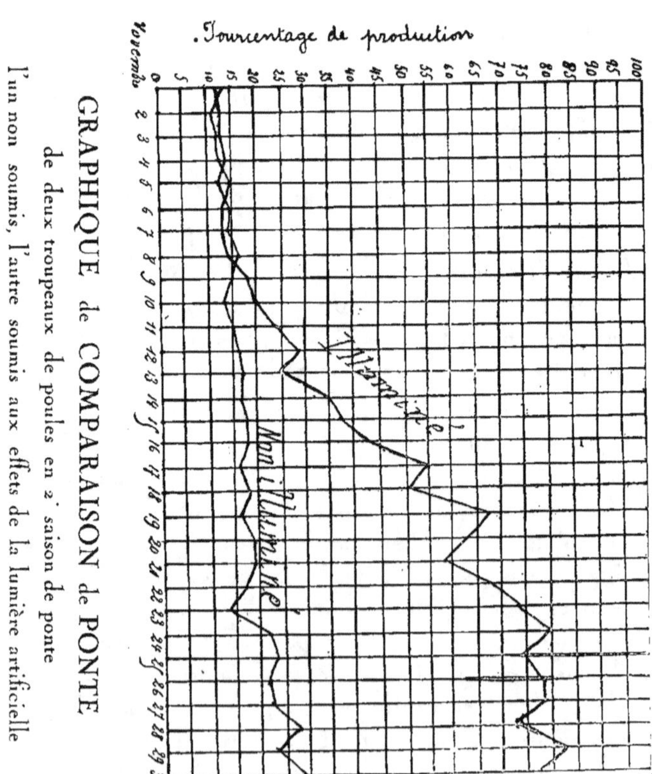

extrémité de l'année de production plus qu'en son milieu le supplément de profit est énorme.

La fin de la première ponte arrive. Devrons-nous nous défaire de nos volailles ? Elles paient encore leur nourriture car dans le nombre certaines ne muent pas ou peu, ou pondent en muant. Peut-être nous rapporteront-elles encore assez pour que leur renouvellement ne soit pas nécessaire, du moins en totalité ? C'est ce que nous allons voir.

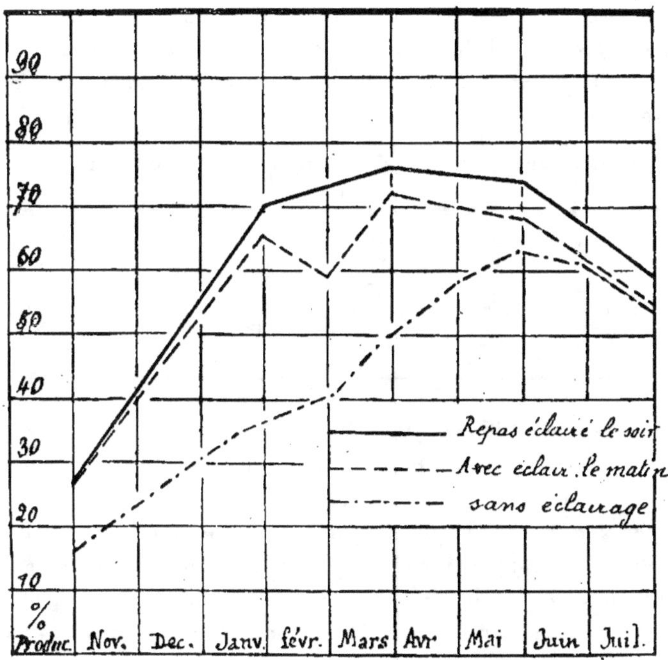

GRAPHIQUE de COMPARISON de PONTE
de 3 troupeaux, l'un sans éclairage
les deux autres éclairés suivant deux modes différents

LA LUMIERE ARTIFICIELLE ET LES POULES DE SECONDE SAISON DE PONTE

Etudions la durée de la mue à la fin de la saison de ponte de première année en corrélation avec la production suivant immédiatement cette période et d'après l'époque de son début.

Un groupe de volailles venant de terminer leur première année de production a été soumis à l'éclairage artificiel le 4 novembre. Ces volailles ont été divisées en trois groupes différents : le premier avait commencé sa mue en juillet, le second en août et le troisième en octobre.

Voici leur production à partir du 4 novembre :

Mue de	du 4-10 au 32-12	du 25-12 au 20-1	du 20-1 au 23-2	du 23-2 au 20-4	du 20-4 au 15-6
Juillet	œufs 325	427	521	709	850
Août	441	578	784	1132	1556
Octobre	300	470	639	1033	1406

Dans ce tableau nous voyons :

1e période : les poules qui ont eu le plus long repos, ayant commencé les premières à muer, ont pondu moins d'œufs que celles qui en ont eu un plus court de un mois ; celles qui ont mué en octobre ont pondu presque autant d'œufs que celles muées en août, mais presque autant que celles qui ont eu trois mois de repos de plus qu'elles.

2e période : les différences s'accentuent, le troisième groupe a surpassé le premier qui décidément a peu de valeur, etc.

Nous en tirons les déductions suivantes : les volailles

qui ont mué les premières sont non seulement les moins productrices dans leur première année de ponte, mais encore dans leur seconde année. Celles qui ont mué en second sont l'hiver suivant les meilleures ; celles qui ont renouvelé leur plumage en octobre feront les meilleures reproductrices et leur ponte est très intéressante.

Alors que dans la leçon précédente (où nous ne vous parlions pas de lumière artificielle) nous vous disons ici : si vous employez l'éclairage artificiel (et vous méconnaitriez gravement vos intérêts et ne le faisant pas) vendez toutes les poulettes muant en juillet ou avant, conservez toutes celles qui cesseront leur ponte après juillet. Leur pourcentage de ponte est très intéressant

Un troupeau de volailles ayant mué, entrant par conséquent dans sa deuxième année de production a été soumis le 18 novembre à la lumière, alors que la moyenne de ponte était de deux pour cent (deux œufs par jour pour cent sujets). Ces volailles n'avaient aucune sélection spéciale pour la ponte : nos exemples ne sont jamais pris dans des lignées remarquables mais au contraire dans des troupeaux plutôt inférieurs afin de prouver les avantages généraux du système et de ne pas prêter à discussion. Sous l'influence de la lumière artificielle, la ponte a subi l'accroissement suivant ;

29 novembre	5 o|o	4 décembre	35 o|o	10 décembre	58 o|o
30	10	5	37	11	50
1 décembre	15	6	40	12	52
2	22	7	39	13	48
3	30	8	53	14	57
		9	47		

La ponte de volailles sous lumière égale presque celles de poulettes dans les mêmes conditions. Les œufs étaient évidemment plus gros et d'une valeur marchande supérieure.

Voici un autre exemple de production : (éclairage du

matin) les nombres indiquent la production pour cent.

Mois	sans lumière	avec lumière	mois	sans lumière	avec lumière	mois	sans lumière	avec lumière
nov.	1 7	11 4	mars	54 6	57 9	juil.	43	35 7
déc.	5	22 9	avril	58 8	52	août	33	24 1
janv.	18 6	39 1	mai	54 6	48 1	sept.	11 9	13 8
fév.	31 3	43 9	juin	45 1	37	oct.	4	17 6

Quoique les résultats en novembre et décembre soient très marqués parce que toutes les volailles composant ce troupeau avaient mué à des époques diverses, l'effet n'en reste pas moins sensible.

CONCLUSIONS PRATIQUES

Quels avantages l'aviculteur peut-il retirer du maintien en deuxième saison de ponte des volailles ayant commencé à muer après juillet ? Ceux-ci, qui sont importants :

1. *D'avantage de gros œufs, plus-value parfois considérable.*

2. *Renouvellement partiel des pondeuses au lieu du renouvellement total : moins de terrain nécessaire, moins d'appareils indispensables, moins de capitaux, moins de travail au moment de l'élevage.*

3. *La poule, de la cessation de la ponte à sa reprise coûte moins cher qu'une poulette amenée à 6 mois.*

4. *Possibilité de vendre davantage d'œufs à couver ou de le faire à des prix plus abordables.*

Joignons à cela la possibilité que nous laisse l'emploi de la lumière, de faire naître pendant un laps de temps

*beaucoup plus long, nous trouvons les autres avantages
suivants :*

5· *Production balancée.*

6· *Mue d'automne évitée chez les sujets précoces.*

7· *Plus gros œufs de poulettes.*

8· *Main-d'œuvre diminuée.*

9· *Nombre d'appareils diminués*

10· *Nécessité de moins de capitaux.*

11· *Permet une sélection plus serrée des œufs et augmente ainsi les rendements.*

C'est ainsi que la théorie américaine : 1.000 pondeuses, un hectare, un homme est résolue. Nous donnerons
dans notre leçon : " création de fermes industrielles de
pondeuses " les plans, devis et conduite détaillée d'une
telle installation, modeste en soi, mais autrement pratique
que maints grands élevages créés sur des bases fausses et
qui ne rapportent pas ce qu'ils devraient donner ou qui
restent en déficit.

LUMIÈRE ET VIGUEUR

Avant l'expérience du repas éclairé du soir ou de la
nuit, alors que l'on ne connaissait que l'éclairage permanent d'une partie du jour, on a remarqué que les volailles soumises à la lumière avaient une constitution plus
robuste, plus vigoureuse et qu'elles n'en supportaient
aucune conséquence fâcheuse pourvu que l'on prit, en
temps de mue, les soins particuliers à leur état.

Puisque le repas éclairé du soir ou de la nuit convient à toutes les volailles y compris les faibles, on en
déduit avec certitude que dans ce cas l'action de la lumière, comportant moins de risques et de conditions est

encore plus favorable sur la santé des oiseaux. En effet,
plus de vigueur définitive, moins de maladies, plus grande résistance et moins de mortalité, tel est le résultat au
point de vue hygiène, de l'emploi de la lumière sous
une forme raisonnée et méthodique.

RAPIDITÉ D'ACCROISSEMENT
DE LA PRODUCTION
SOUS LA LUMIÈRE ARTIFICIELLE

Lorsque les volailles en ponte sont soumises à la lumière artificielle, l'augmentation de la production com-
mence généralement à se faire sentir de 4 jours à 15
jours après le début du nouveau régime, selon que l'on
a affaire à des poules ou à des poulettes.

En moyenne l'effet est très probant vers le 8· jour.

Il n'y a donc qu'une faible dépense de lumière im-
productive et l'accroissement de profit est pour ainsi dire immédiat.

L'exemple que nous avons cité aux pages 11 et 12
de cette leçon nous montre que le 18 novembre la ponte d'un troupeau était de deux pour cent et que 11 jours
après, le 29 novembre la production augmenta d'une
façon régulière. Il s'agissait de poules de deux ans.

Sur des poulettes l'effet est plus rapide. Voici un
exemple pris par M. Palmer à College View Poultry
Farm sur un troupeau de Leghorns. (On sait que les
Leghorns craignent plus le froid que les autres races
américaines). Les nombres indiquent la quantité d'œufs
pondus ; la lumière fut employée le 22 décembre et les
jours suivants.

Déc. 13,15 œufs Déc. 20,17 Déc. 27,71
     14,13   21,29   28,80
     15,16   22,27   29,96
     16,17   23,33   30,112
     17,15   24,36   31,122
     18,13   25,42 Janv. 1,132
     19,19   26,54   2,141

Or, de décembre 27 à janvier 2, le thermomètre ne s'éleva pas au-dessus de 0° à aucun moment de la journée ou de la nuit ; cependant la production s'accrut de 71 à 141 œufs : elle fut doublée en 6 jours. Sept jours après l'adoption de la lumière, la ponte était passée de 27 à 112 œufs.

LA LUMIERE ARTIFICIELLE ET LA FERTILITE

Pendant longtemps on a nié que la lumière artificielle eut une influence bienfaisante sur la fertilité des œufs, c'est-à-dire sur le point de vue incubation. Les professeurs des stations expérimentale eux-mêmes, avant d'en faire le contrôle, affirmèrent que les œufs pondus sous la lumière artificielle ne devaient pas être mis en incubation.. C'est qu'en Amérique comme chez nous, le monde avicole était persuadé que les poules pondant très abondamment donnaient des œufs clairs ou possédaient des embryons manquant de vitalité. Cette croyance est maintenant morte en Amérique : elle est encore jeune et vivace chez nous. On a dit aussi que les grandes pondeuses, celles donnant 250, 300 œufs en un an convenaient moins bien pour la production des œufs à couver que celles ne dépassant pas 200 œufs. Deuxième erreur qu'il importe de déraciner.

Revenons à la première question. Nous disons ceci :

Les volailles pondant très abondamment donnent des œufs à couver meilleurs que les autres. En effet plus l'œuf est dense c'est-à-dire plus il est lourd à volume égal, ce qui implique la plus grande proportion de blanc, meilleur il est pour l'incubation. Cela ressort d'expériences faites non seulement dans le monde avicole, mais aussi dans les sphères scientifiques. Or, plus la ponte est abondante et plus l'œuf est dense. (Il est aussi plus dense vers le milieu d'un cycle de ponte qu'au commencement et qu'à la fin). Donc, les œufs pondus en abondance, pour quelle cause que ce soit, sont meilleurs pour l'incubation que ceux qui le sont à des intervalles rares. Les meilleurs embryons sont ceux qui proviennent de reproductrices pondant de 5 à 7 œufs par semaine, c'est-à-dire faisant du 70 à 100 pour cent.

Cependant la haute fertilité se maintient peu de temps lorsque l'oiseau est soumis à une haute production. Nous ne voulons pas dire que si la pondeuse a eu une haute production en première année ses embryons de seconde année soient moins bons, mais que dans la même saison de ponte ceux qui sont produits après une longue période de production sont moins viables. Aussi adopte-t-on une méthode particulière lorsque l'on veut avoir d'excellents œufs à couver pendant un temps très long.

Le Dr Waldorff puis M. G. Schoup se sont spécialisés dans l'étude de ces questions. Voici les résultats de leurs travaux :

Les aviculteurs américains, pour les raisons que nous avons exposées précédemment, sont parfaitement convaincus de la valeur des incubations précoces. Or, en hiver les embryons sont rares et peu vigoureux. Ils ont été amenés à les multiplier et à leur donner plus de force. Ils ont établi que l'époque favorable à l'éclairage des reproducteurs est le premier décembre, de manière à obtenir une production de 60 pour cent au 15 décembre, ce qui permet de mettre en incubation en janvier. Mais ces reproducteurs ayant une ponte forcée en décembre, janvier et février donnent en mars des embryons manquant de vitalité. Aussi ont-ils l'habitude, pour des incubations de mars et d'avril, de réserver un autre parquet de reproducteurs, non soumis cette fois à la lumière artificielle, leur ponte atteignant son maximum le premier mars.

M. Shoup rapporte qu'il a eu d'excellents résultats avec des poulettes nées en février, illuminées dès octobre et qui lui ont donné en janvier d'excellents œufs à couver.

On doit donc éviter de mettre en incubation les œufs des pondeuses soumises depuis plus de trois ou quatre mois à une ponte intensive non discontinuée, cependant on doit les choisir parmi ceux des volailles donnant un fort pourcentage de ponte.

Ces programmes sont parfaitement adaptés à l'aviculture commerciale, c'est-à-dire produisant des œufs de consommation ou des poulets pour la chair, mais ils peuvent tout aussi bien convenir pour la sélection des pondeuses et la création de bonnes lignées.

M. Curtiss nous dit : aussi loin que je puis en juger, l'emploi de la lumière artificielle ne nuit pas à la fertilité ; les œufs ainsi produits éclosent aussi bien que les autres.

M. Moseley, de Sunny Crest Poultry Farm s'exprime ainsi : soumettez vos reproducteurs à la lumière artificielle pour l'obtention d'œufs à couver destinés à être mis en incubation en janvier ou février et ce quatre semaines avant de disposer des œufs.

Comme il faut, suivant l'expression américaine « plus

d'une hirondelle pour faire un printemps » nous avons recherché de nombreuses attestations pour chaque fait que nous exposons.

Le professeur Rice, de Cornell University, Ithaca, N. Y. a trouvé que, produits sous la lumière artificielle, les œufs de poules ainsi que ceux de poulettes, soumises à l'influence de la lumière arificielle lui ont donné de meilleurs œufs à couver que celles non soumises à cette ponte forcée.

Poussant ses conclusions, il est arrivé à prouver, chose qui étonne, que ce sont les poulettes qui ont donné les meilleurs embryons et le plus grand pourcentage de poussins vigoureux. A ce sujet, les américains et les anglais sont moins rigoureux que nous ne le sommes ; et les exploitations sont nombreuses où on met couver un grand nombre d'œufs de poulettes.

Poules sans lumière : 51 pour cent

— avec lumière : 56 —

Poulettes sans lumière 56 pour cent

— avec 75 pour cent

La production indique le nombre de poussins vigoureux pour cent œufs incubés.

Et M. Moseley ajoute: : nous ne pourrions pas, au au début du printemps, employer pour l'incubation les œufs de poulettes bien mûres ayant commencé à pondre en automne et donné une forte ponte tout l'hiver, même sous lumière artificielle.

Mrs. Ridley, Puyallup, Washington, dans une lettre adressée au R. P. J. et reproduite par celui-ci, nous donne les résultats de ses expériences personnelles. Voici quelle fut sa production sous lumière artificielle, mise le premier ocrobre sur des poulettes de février-mars : (lumière permanente).

Décembre 67 7 pour cent

Janvier   64 2   —

Février   59 4

Cette personne avait de plus 400 reproductrices. Le dix décembre, elle en récoltait 15 œufs par jour et voulait mettre 2.500 œufs en incubation le 21 janvier. Le dix décembre, elle soumit ses volailles à l'influence de la lumière artificielle (une heure le matin et le soir du crépuscule jusqu'à 6 h. 30 d'une façon permanente). Voici jour par jour les résultats obtenus.

Décembre 10, 15 œufs	20 décembre, 35 œufs
11, 5	21 29
12, 15	22 81
13, 13	23 127
14, 12	24 139
15, 15	25 143
16, 17	26 195
17, 17	27 215
18, 15	28 208
19, 30	29 217

30 décembre 221

31   —   230

Les incubations donnèrent moins d'un dixième d'œufs infertiles.

CONCLUSION. L'emploi de la lumière artificielle est pour l'incubation aussi révolutionnaire que pour la ponte et la marche générale de l'élevage ; il cause en Amérique un grand enthousiasme.

LA SUPÉRIORITÉ DE L'ECLAIRAGE D'UN REPAS DU SOIR OU DE NUIT

Il nous reste peu à dire relativement à la supériorité de ce mode d'emploi de la lumière artificielle. Nous avons montré les inconvénients relatifs au système d'éclairage continu d'une partie du jour et que nous avons appelé permanent. Ce sont :

Travail considérable.

Application à une seule partie du troupeau et une partie de l'année seulement.

Non application aux sujets faibles et non mûrs.

Exercice parfois trop forcé.

Mue de printemps.

Soins spéciaux à la fin de l'éclairage pour éviter l'effondrement de la production et l'apparition de la mue (diminution progressive des heures d'éclairage en avril au fur et à mesure que les jours s'allongent)

Plus grande dépense.

Nous pouvons par contre grouper les avantages du repas éclairé du soir ou de la nuit comme suit:

Plus grande production que par les autres modes.

Peu de travail supplémentaire.

Application à tout le troupeau quelle que soit sa vigueur.

Fortifie les faibles et achève la croissance.

Emploi permanent mettant à l'abri des mues accidentelles.

Exercice modéré et réglable.

Pas de mue au printemps.

Mue plus rapide et plus complète lorsque les oiseaux y sont soumis, dans la première partie tout au moins, sans exercice.

Régularité des mêmes soins.
Dépense non comparable.

Nous disons que le repas éclairé du soir ou de nuit donne une plus grande production. Voici un tableau comparatif qui nous permet d'en juger :

Mode	Nov.	Déc.	Janv.	Fév.	Mars	Av.	Mai	Juin	Juil.
Eclairage du matin	14	21	26	54	50	56	54	47	42
Eclairage mat. et soir	28	44	58	51	63	58	52	46	41
Repas éclairé 9 heures soir	33	44	59	61	66	61	60	54	47

Le repas du soir (grains), était donné à neuf heures et on laissait les volailles gratter pendant une heure.

LE POULAILLER

Il est bon d'ajouter quelques mots à ce que nous avons dit au sujet du poulailler.

En effet, avant de songer à faire des dépenses pour installer la lumière artificielle, il faut commencer par employer celle du soleil qui est gratuite, dans la plus large mesure possible, c'est-à-dire le plus tôt possible le matin et le plus tard le soir. La litière doit être particulièrement éclairée puisque c'est là que les volailles trouvent leurs graines. Aussi les fenêtres descendront-elles aussi bas que possible, et, à l'arrière, d'autres ouvertures vitrées, en grand nombre seront pratiquées.

L'exercice continuel auquel la volaille est soumise pendant les heures du jour, demande une régénération rapide du sang, donc nécessité de l'air en abondance. Nous vous le disons encore : la question du poulailler est de première importance et vous n'obtiendrez rien ou que peu de chose si vous n'apportez tous vos soins à sa bonne construction.

Les rideaux de coton ne sont pas froids en hiver lorsque le poulailler est bien construit. Certaines personnes les enduisent d'huile. Nous nous demandons pourquoi puisque cet enduit ne laisse plus filtrer l'air. Quand le poulailler est bien construit, sa ventilation est réglable. La température, comme tous les phénomènes atmosphériques a une influence sur la ponte. On a remarqué que les changements de température affectent les volailles et ont une répercussion sur leur production vers le sixième ou septième jour suivant le changement. Ce délai est cependent différent suivant les races, ainsi les wyandottes supportent mieux le froid et les changements atmosphériques que les leghorns. Nos graphiques de ponte leghorns et wyandottes sont curieux à étudier à ce sujet.

Les rideaux de coton donnent à l'intérieur du poulailler une différence de 10 à 15 degrés farenheits d'avec l'extérieur, tout en maintenant une bonne aération et en donnant de la lumière.

Ayez donc des poulaillers parfaits et si vous trouvez leur prix d'achat trop élevé (dans la création d'un établissement avicole ils comptent pour la plus grande dépense) construisez ou faites construire en vous servant de nos plans cotés dressés par un architecte, à grande échelle. Vous économiserez au moins trente pour cent si vous faites construire et 50 pour cent si vous construisez vous-mêmes.

LES DIFFÉRENTES SOURCES
DE LUMIÈRE

La meilleure source de lumière est sans conteste l'électricité. D'un maniement facile et sans danger, elle doit être adoptée partout où ce sera possible.

Lorsque l'on éclaire qu'un repas de grain placé dans des augettes on pourra avoir une lumière moins forte (mue), mais lorsque l'on oblige les volailles à gratter elle devra être suffisamment forte pour que les volailles maintiennent volontiers leur activité.

Lorsque la fin du repas est arrivée et que les volailles doivent regagner leurs perchoirs, la lumière devra être mise en veilleuse pendant une dizaine de minutes. L'illusion du crépuscule est complète et les poules se perchent comme elles le font à la tombée de la nuit.

Quand on emploie les deux premiers modes d'éclairage (éclairage du matin ou combinaison d'éclairage du matin et du soir) il ne faut revenir au régime ordinaire que lorsque les volailles ont un jour normal, c'est-à-dire que lorsque le soleil leur donne un nombre d'heures de clarté égal à celui que nous nous sommes ingéniés à leur procurer en hiver. Cela ne se produit pas avant avril. Quand même on pourrait le faire avant cette date, il vaut mieux s'en abstenir afin que le changement n'affecte pas les volailles à une époque où la mue est toujours possible. Combattre la mue est une question importante en aviculture et l'aviculteur devra y veiller constamment.

De plus le retour au régime normal devra être fait qu'avec une grande prudence, en raccourcissant la période d'éclairage au fur et à mesure de la croissance de la clarté solaire, en ne cherchant pas à changer ni les heures de commencement le matin ni celles de la fin le soir.

Si l'on supprime la lumière avant que le jour normal soit de même durée que le jour artificiel donné aux pondeuses, la ponte cessera brusquement et si elle n'est pas reprise par le réemploi de l'éclairage, la mue se produira.

Quand on emploie le troisième mode d'éclairage, (éclairage du repas du soir) on pourra laisser constamment ce repas à la même heure,

éclairant en été si besoin est ; ou bien selon les intentions de l'aviculteur, le rapprocher de la période normale de jour vers avril, mai,
juin, afin de faire diminuer la ponte à ce moment là dans de faibles
proportions pour la forcer en juillet, août et septembre, en reculant
le repas du soir. Dans ces trois derniers mois la litière devra avoir
trente centimètres d'épaisseur et les grains devront soigneusement être
enfouis dans ses profondeurs. Nous vous rappelons qu'il est deux moyens pratiques pour retarder la mue : l'exercice et la suralimentation,
sans excès de matières grasses et hydrocarbonées.

Les volailles en mue seront réunies chaque semaine dans un compartiment spécial ou elles recevront le grain dans des augettes. Ces volailles devront gratter peu, surtout dans la première période de la mue,
qui dure deux mois. Si les poules doivent faire des reproductrices,
on pourra supprimer le repas éclairé du soir jusqu'en octobre : quand
le jour est insuffisant, il être rétabli. Les futures reproductrices doivent
avoir un repos de 90 jours.

On ne doit éclairer les poulettes d'après les deux premières méthodes que si, elles sont vigoureuses, mûres, en ponte ou presque. L'a-
doption de la lumière n'a jamais fait cesser la ponte d'une volaille en
production, mais le contraire arrive fréquemment : sa supression arrête
la ponte. On se servira du troisième mode lorsque l'on voudra les
mûrir, les hâter et les faire pondre si elles sont en âge de le faire. Ce
système ne les force pas au sens propre du mot ; il ne risque pas de les
affaiblir, de les surmener, de les « casser » par un exercice trop violent :
il donne seulement un supplément de nourriture au moment où celui-
ci leur fait le meilleur effet. Dans son emploi, ou observera que les
pondeuses doivent avoir dix heures de repos entre ce repas et le déjeuner du lendemain.

Les ampoules électriques de 25 watts chacune, sont placées au plafond, un peu en avant afin que le dessous de la planche à crottes éclairé. Le plafond et les parois étant blanchis à la chaux, l'éclairage sera
plus intense et fera réaliser une économie de lumière.

Une ampoule de 25 watts dans un poulailler de 3 m x 3 m de
4 x 4 sera suffisante mais il en faut deux si l'habitation des pondeuses
a 5 m x 5 m ou 6 m x 6 m Dans les grands poulaillers, on en mettra

ainsi un certain nombre. Les réflecteurs rejetteront la lumière vers la litière.

On pourra très bien ne pas avoir à se déranger ni pour allumer ni pour éteindre : le soir en fermant les poulaillers on donne le repas puis à l'heure voulue, un dispositif à mouvement d'horlogerie mettra le courant : les volailles descendront de leurs perchoirs et se mettront à manger. A l'heure voulue également le dispositif éteindra les lampes les unes après les autres, à une, deux, trois minutes d'intervalle suivant leur nombre et mettra la dernière en veilleuse pendant un temps très court n'excédant pas cinq minutes puis l'éteindra. Si le poulailler est très vaste et non compartimenté, une lampe sur quatre sera mise en veilleuse (celle du milieu).

Ce système qu'un électricien peut se charger d'installer, économise la main-d'œuvre.

Lorsque l'on ne pourra pas employer l'électricité, on pourra se servir de gaz ou de l'acétylène, ou bien employer les lanternes à gaz d'essence.

Ces lanternes sont composées d'un réservoir dans lequel on pompe une certaine quantité d'air. Un brûleur réchauffe le mélange d'air et d'essence qui porte des manchons à l'incandescence.

Ces lampes ont l'inconvénient de nécessiter le pompage journalier d'air, puis surtout de s'encrasser au contact des poussières soulevées par les volailles grattant dans la litière. Pour éviter cela dans une certaine mesure, on a dans les grands poulaillers, un réservoir extérieur de grande capacité dans lequel on introduit de l'air pour longtemps à l'aide d'une pompe d'automobiliste ; l'échauffement du gaz se fait dans une boite étanche placée dans le poulailler ; il est conduit vers des manchons fixes protégés pendant les heures de non emploi par une enveloppe analogue à celle qui entoure les lampes des wagons de chemins de fer.

LA LUMIÈRE ARTIFICIELLE ET LA NOURRITURE

La nourriture des oiseaux soumis à la lumière artificielle n'est pas spéciale et tout ce que nous vous dirons à ce sujet peut être appliqué à ceux traités sans éclairage.

Le régime alimentaire que nous vous avons indiqué pour les pondeuses leur convient parfaitement.

Le matin, distribution d'avoine germée. Pâtée sèche constamment à la disposition des oiseaux, de même composition que celle indiquée précédemment. On y ajoutera avec avantage : 1|6 de partie de charbon de bois et 1|6 de sable fin, la sauvegarde contre les indigestions. Nos volailles vont en effet absorber plus de nourriture et nous pourrions craindre des indigestions.

La quantité de son pourra être augmentée de 1|4 à 1|2 partie. Les volailles auront vers midi un repas de pâtée humectée (20 gr. par tête).

Le repas de grain du soir sera un peu plus léger que celui que nous donnions aux pondeuses sous le régime ordinaire. Au lieu de donner le grain en une seule fois, nous le donnons en deux puisque nous donnons un autre repas à 9 heures ou à 11 heures du soir. Aussi l'après-midi ne donnons-nous que les deux tiers du repas ordinaire.

Mais le soir ou la nuit, les volailles ont un repas de grain de 20 gr. par tête. Elles absorbent ainsi plus de grain que sous le régime ordinaire, ainsi que plus de pâtée sèche et de pâtée humectée.

La quantité totale à donner sous le régime de la lumière artificielle est de 16 livres pour les deux premiers modes d'éclairage et de 15 livres pour le dernier, par cent têtes de pondeuses. Ces quantités seront évidemment diminuées suivant la saison comme nous l'avons fait pour les oiseaux sans lumière.

Lorsque l'on adopte les deux premiers modes d'éclairage, il est difficile de faire travailler constamment les volailles, de les tenir toujours occupées et l'on constate qu'un grand nombre de sujets restent continuellement immobiles sur les perchoirs. Le grain devra être donné alors souvent et en petite quantités à la fois. Il est cependant bon dans tous les cas de redonner quelques poignées d'avoine germée le matin lorsque l'on a fait la première relève de nids-trappes afin que les volailles qui étaient emprisonnées puissent en avoir leur part.

La verdure devra être donnée en abondance. Si les volailles ont la diarrhée, on ajoutera du charbon de bois et on diminuera le son ; si elles sont constipées, on augmentera la quantité de son.

Si les volailles manquent d'appétit et ne travaillent pas suffisamment, on fermera les trémies à pâtée sèche deux ou trois heures dans la matinée. Les trémies doivent donc pouvoir être obstruées.

Deux fois par semaine, on pourra donner aux pondeuses comme aux reproductrices un peu d'os verts broyés, dans la pâtée humectée. Ce sera un excellent substitut des vers et autres insectes que les volailles ne trouvent pas dans leur poulailler ou pas toujours si elles sont en liberté.

L'œuf contenant une très grande quantité d'eau, la ponte ne sera abondante que si elles peuvent en prendre une assez grande quantité. Or, si l'eau est froide, les volailles n'en boiront pas suffisamment. Il importe donc en hiver de leur donner de l'eau assez tiède, de 10 à 12 degrés centigrades. Le soir les abreuvoirs seront remplis pour le lendemain ; ainsi l'eau sera à la température intérieure du poulailler. Mais dans les grands froids, ce procédé est insuffisant pour échauffer suffisamment la boisson. On devra la chauffer car il ne peut suffire d'en verser de la chaude dans les abreuvoirs à cause du rapide refroidissement. On peut pour cela employer un système de chauffage analogue à celui des éleveuses à air chaud. L'abreuvoir est à double paroi et entre ces parois circule un courant d'air chauffé par une lampe placée à l'extérieur du poulailler. Ces modèles ne sont pas vendus dans le commerce. Un abreuvoir suffira pour un compartiment.

Le lait écrémé, surtout le lait sûr, est une précieuse ressource, surtout pour l'alimentation des oiseaux soumis à la lumière artificielle. Si l'on donne assez de lait pour que les volailles en prennent une quantité égale à la moitié de l'eau consommée les résultats seront beaucoup meilleurs. Le lait peut ainsi économiser un quart de farine de viande ou de poisson, tout en donnant des résultats préférables autant pour la production que pour la santé des sujets.

LA LUMIÈRE ARTIFICIELLE
ET LES SOINS SPÉCIAUX

Ces soins spéciaux concernent soit les deux premiers modes d'éclairage, soit les variations suivant l'état des volailles, (mue). Nous avons dit ce qui était nécessaire à ce sujet. Nous n'ajouterons que ceci :

Eclairage permanent d'une partie du jour : La durée

de l'éclairage doit être proportionnée à la force, la maturité, la taille des poulettes. On ira ainsi d'un jour de 12 heures à un jour de 15 heures.

Si l'on force cependant les oiseaux les plus avancés, on évitera difficilement la mue de printemps, tandis que les faibles ayant pondu moins en hiver supporteront mieux le régime et ne mueront pas au début des chaleurs,

S'il se produit de la mue, les volailles devront immédiatement être séparées de celles qui ne muent pas. Pour tous les modes :

Il faut beaucoup de régularité dans les soins à donner aux volailles placées sous la lumière, précisément parce qu'elles donnent une forte production et qu'alors le moindre retard ou oubli les affecte beaucoup.

Il est parfaitement inutile d'esssayer de les faire produire davantage par l'emploi de la lumière si l'on ne peut pas leur donner tout le confort et les soins qu'elles réclament. Si l'alimentation ou le logement notamment sont défectueux, vous leur ferez énormément de mal.

Il n'y a pas de date fixe pour commencer l'éclairage, on doit se baser sur l'âge des pondeuses, leur état et la nécessité d'obtenir des œufs.

Les poules de deux ans seront éclairées à des dates différentes suivant celle à laquelle on désire des œufs à couver. Si ces poules ne doivent produire que des œufs de consommation il faut attendre la fin complète de la mue si l'on a adopté les deux premiers modes d'éclairage, on pourra rétablir le repas éclairé du soir ou de la nuit avec exercice modéré dès Novembre si les volailles ne commencent pas leur mue,

En résumé, le dernier mode d'éclairage est supérieur au premier tant pour ses résultats que pour sa facilité d'application. C'est celui qu'il faut adopter.

Pourvu que l'on soit décidé à prendre tous les soins

désirables dans les conditions de logement satisfaisantes, l'emploi de la lumière artificielle donne plus d'œufs pondus, spécialement au moment on ils sont chers, elle rend l'aviculture plus profitable, plus facile, permet d'employer moins de capitaux, moins de main-d'œuvre, donne des animaux plus robustes, plus vigoureux. Grâce à elle l'Aviculteur est maintenant le maître de son travail qu'il peut faire suivant sa volonté seule, pourvu qu'il respecte les lois que nous avons posées. L'aviculture entre réellement, par l'éclairage artificiel, dans un domaine pratique et très rénumérateur.

Nous sommes heureux de présenter le premier travail complet qui ait jamais été écrit sur ce sujet

Questionnaire

1. Quelles sont les causes de l'infériorité générale de la production d'œufs en hiver ?

2. Décrivez les différents procédés d'éclairage ?

3. Montrez que la lumière accroît la production d'hiver.

4. — — — — — — — annuelle.

5. Dites ce que vous savez de l'influence de la lumière artificielle sur le poids des œufs.

6. Quelle est l'influence de la lumière artificielle sur les poulettes nées tôt en saison.

7. Quelle est son influence sur les sujets tardifs et les poussins ?

8. La lumière artificielle et la mue. Comment peut-elle la provoquer, la retarder lui nuire, l'aider ?

9. Comment peut-on augmenter la production à la fin de la saison de ponte ?

10. Que savez-vous de l'influence de la lumière artificielle sur les poules de deuxième saison de ponte suivant l'époque de la mue ?

11. Doit-on rechercher à reculer cette mue ? Pourquoi ?

12. Peut-il être intéressant de conserver les volailles pendant leur deuxième année de ponte, pourquoi ?

13. L'influence de la lumière artificielle sur la fertilité ? Comment s'explique t-elle ?

14. Comment doit être conditionné le poulailler d'éclairage ?

15. Que savez-vous de l'emploi de la lumière électrique ?

16. Que savez-vous de la nourriture sous éclairage artificiel ?

17. Quels sont les inconvénients des modes discontinus d'éclairage ?

18. Quels sont les avantages de l'éclairage du repas du soir ?

19. Groupez tous les avantages que l'on retire de l'éclairage artificiel en y groupant ceux inhérents au troisième mode.

20. Quelles déductions en tirez-vous pour la conduite générale d'une ferme de pondeuses ?

21. La lumière nuit-elle à la vigueur. Pourquoi ?

22. Cette méthode avicole est-elle appelée à un grand développement ? Pourquoi ? Que comptez-vous faire en ce sens ?